TRAVAIL AU SOL

L'éditeur remercie Luc Giordano
pour ses conseils précieux.

Titre original :
Groundwork. The first impression

ISBN 978-2-7427-8105-8

BUCK BRANNAMAN

Travail au sol

LA PREMIÈRE IMPRESSION

essai traduit de l'américain
par Guy de Galard

ACTES SUD

à mon amie… Mary

AVERTISSEMENT

Les chevaux peuvent être imprévisibles. Les conseils donnés dans ce livre ont pour but de vous aider à progresser vous et votre cheval, en fonction de votre niveau. Connaissez et respectez vos propres limites.

INTRODUCTION

Chers amis,

Vous trouverez dans ce livre des idées qui, je l'espère, vous aideront à vous sentir plus à l'aise avec votre cheval, et lui avec vous.

Il existe bien des façons de s'y prendre pour travailler avec les chevaux, bien des méthodes, et toutes sont intéressantes. Mais vous remarquerez peut-être, comme je l'ai fait, que nous avons tous appris des choses qui ont peu d'intérêt quand il s'agit d'être un bon cavalier.

Le travail au sol peut vous préparer, vous et votre cheval, à faire face à des situations imprévues qui, malheureusement, surviennent parfois au pire moment.

Le jour, par exemple, où un gros orage commençant à gronder au loin, vous pourrez simplement enfiler votre ciré et continuer votre chemin sans encombre. De nombreux accidents peuvent arriver avec un cheval mais, s'il est calme et vous fait confiance comme on fait confiance à un ami, il saura que vous allez l'aider à se sortir du pétrin, plutôt que de vous considérer comme la cause de son problème.

Certains d'entre vous y travaillent depuis longtemps et savent combien c'est exigeant. On n'arrête jamais d'apprendre tout au long de notre vie.

Mais si nous laissons un cheval un peu mieux qu'il n'était avant de nous rencontrer, alors nous aurons accompli notre devoir envers lui.

Votre ami,

Buck Brannaman

I

TRAVAIL AU LASSO

Lorsque je débute le travail d'un jeune cheval, je commence par l'attraper au lasso. En stage comme chez moi, c'est toujours ainsi qu'a lieu cette première rencontre. Ce n'est pas forcément une expérience agréable pour le poulain si vous n'avez pas un bon *roundpen**[1] ou si vous n'êtes pas suffisamment attentif à ses réactions. Mais, bien employé, le lasso peut être un outil très utile pour débourrer votre poulain en douceur. Pour ma part, j'utilise un lasso souple en nylon de 20 mètres de long avec un œillet en métal afin de ne pas brûler le cheval.

Si le cheval se déplace à main droite dans le *roundpen*, je lance généralement une boucle de *houlihan** qui arrive au niveau du garrot et passe par-dessus la

1. Les mots suivis d'un astérisque à la première occurrence sont expliqués dans le glossaire en fin de volume.

1

tête en douceur, afin de ne pas risquer de blesser le cheval à l'œil. *Photo 1.*

Une fois que vous avez attrapé le poulain, votre premier objectif est d'obtenir qu'il désengage les postérieurs, c'est-à-dire qu'il chasse les hanches de côté. Pour ceci, faites avancer le poulain légèrement en avant de vous. Puis exercez une tension sur le lasso en tirant vers vous à un angle de 45 degrés par rapport au poulain, lui faisant ainsi désengager ses postérieurs. Relâchez aussitôt la tension. Vous devrez peut-être tirer fermement au début, mais sans donner d'à-coups. *Photo 2.*

Poursuivez cet exercice jusqu'à ce que votre cheval ait compris et se prépare à chaque fois à désengager ses postérieurs. Il est important de toujours travailler les deux côtés de votre cheval. Ensuite, habituez-le

2

à avoir un lasso autour de sa croupe et montrez-lui une autre façon de déplacer ses postérieurs. Commencez par lancer le mou du lasso entre lui et la barrière. Ne soyez pas surpris s'il donne un coup de pied – c'est tout à fait naturel pour lui de chercher à se protéger. Ensuite, tendez doucement le lasso et attendez qu'il déplace ses postérieurs vers vous. A ce moment, il changera de direction et se tournera dans l'autre sens. Relâchez aussitôt la tension, ce qu'il fera d'ailleurs de lui-même en se tournant dans l'autre sens. Puis relancez simplement le mou du lasso et travaillez l'autre côté. Faites cela de nombreuses fois avant de l'approcher pour éviter de recevoir un coup de pied. *Photos 3, 4, 5.*

Puis réduisez progressivement la distance entre vous et votre cheval. Placez-vous légèrement en arrière de son épaule,

3

4

5

ce qui l'incitera à bouger vers l'avant si l'envie de partir lui venait. S'il s'éloigne, placez-vous de manière à ce que ses postérieurs se déplacent loin de vous, jusqu'à ce qu'il décide de s'arrêter. Puis doucement, essayez de le caresser. S'il s'éloigne, ce n'est pas grave. Recommencez simplement jusqu'à ce qu'il reste en place. Puis changez de côté. *Photos 6, 7.*

6

7

Lorsque vous parvenez à vous approcher de votre poulain, commencez à le toucher avec votre lasso enroulé, comme si c'était un tapis de selle. Chaque nouvelle expérience risque de l'effrayer, donc, restez sur vos gardes ! Il est important de le toucher partout avec le lasso. Vous pouvez même vous tenir d'un côté et le frotter avec le lasso de l'autre. Allez-y doucement au départ. Puis un peu moins au fur et à mesure qu'il devient plus confiant. Frottez-le beaucoup avec le lasso au passage de sangle. Il sera ainsi moins chatouilleux lorsque vous le sellerez. Si votre poulain est particulièrement craintif, vous pouvez passer le lasso au-dessus de ses naseaux, faisant office de licol, pour l'empêcher de bondir en avant en vous envoyant un coup de pied. *Photo 8.*

8

Maintenant, vous êtes prêt à approcher le poulain de face en lui faisant déplacer ses postérieurs pour les aligner par rapport à vous. Quand il est bien en face, et seulement à ce moment-là, essayez de le caresser entre les yeux. Allez-y doucement. S'il recule, attendez qu'il s'arrête, puis recommencez. Quand il recule, vous pouvez avancer vers lui lentement mais n'étendez pas la main en même temps car il pensera qu'il est supposé s'éloigner. Lorsqu'il s'arrête finalement, vous pouvez alors étendre la main et essayer de le caresser à nouveau. Pour lui, c'est comme s'il était attrapé. Le lasso est là simplement pour l'inciter à rester près de vous. *Photo 9.*

Maintenant, approchez-vous de la barrière et faites passer votre poulain devant vous tout en l'encourageant depuis l'arrière.

9

Pour le mener de la droite vers la gauche, prenez un léger contact vers l'avant pour l'inciter à avancer. Si ses pieds ne suivent pas, encouragez-le à avancer en agitant le reste du lasso enroulé avec la main droite ou en le tapant contre vos *chaps*. S'il ne bouge toujours pas, vous pouvez le tapoter sur la croupe avec le bout du lasso jusqu'à ce qu'il avance. *Photo 10.*

10

Ayez à l'esprit que votre cheval peut se déplacer brusquement vers vous et venir vous bousculer. Votre main gauche devra demeurer suffisamment active pour l'encourager à se déplacer en avant et autour de vous. Une fois que le poulain est passé devant vous, changez de main sur le lasso de manière à le mener maintenant avec votre main droite. Changez de main avant de changer de direction pour ainsi désengager ses postérieurs d'un quart de tour. Remarquez l'angle du lasso par rapport au cheval. *Photo 11.*

11

Vous êtes maintenant à mi-chemin du changement de direction. Pendant que la tête du cheval passe devant vous, avancez vers lui pour l'encourager à déplacer son poids sur son postérieur extérieur. Puis, pour terminer le demi-tour, déplacez ses épaules d'environ un quart de tour vers la barrière. Assurez-vous de maintenir la flexion latérale pendant le changement de direction. *Photo 12.*

12

Ensuite, menez votre cheval à l'autre main et répétez ces étapes. Si votre cheval a tendance à vous bousculer lorsqu'il passe devant vous, il peut être bon d'utiliser un drapeau pour le maintenir à distance. Ceci ne fait qu'allonger légèrement votre bras ! Placez un tonneau entre vous et la barrière peut rendre service pour vous protéger d'un cheval particulièrement envahissant. Cet exercice est l'un des plus difficiles à apprendre et s'il est plus facile pour vous d'utiliser un licol et une longe, qu'à cela ne tienne. Votre poulain devrait maintenant commencer à "accrocher*" et à vous suivre. Avancez et encouragez-le doucement à vous suivre. Ne tirez pas trop fort, ce qui pourrait l'effrayer, mais attendez que ses pieds bougent pour avancer. Menez-le dans chaque direction et caressez-le jusqu'à ce qu'il y ait partout des petits endroits sans poils, enfin… presque ! *Photo 13*.

13

II

TRAVAIL AU LICOL

Il est préférable de débuter cette série d'exercices en passant d'abord le licol à votre cheval, avant de lui retirer le lasso.

Défaites d'abord votre licol, placez la longe au creux de votre coude gauche et tenez le licol dans votre main gauche. Vous aurez ainsi la main droite libre pour caresser votre cheval lorsque vous vous en approcherez. Placez votre main droite par-dessus son encolure, votre pouce derrière le haut de sa ganache droite sur laquelle vous appliquez une légère pression de manière à lui faire tourner le nez vers la muserolle, vous aidant ainsi à lui passer le licol. Puis remontez la muserolle sur son nez et faites votre nœud. Cette façon de procéder vous aidera lorsque vous en serez à le brider. *Photos 14, 15.*

Retirez ensuite le lasso. Passez simplement votre main droite par-dessus son

14

15

encolure, formez une grande boucle avec le lasso et laissez-la glisser vers l'avant tout en veillant à ne pas heurter au passage les oreilles de votre cheval. Gardez vos mains aussi bas que possible. *Photo 16.*

Ceux parmi vous dont les chevaux se laissent attraper sans problème peuvent débuter leur travail au sol à partir d'ici. Le lasso peut s'avérer très utile à condition que l'on sache s'en servir, au moins les bases. Sinon on peut mettre son cheval en difficulté. Menez à nouveau votre cheval

16

par la longe en le faisant passer devant vous. Il vaut mieux commencer en allant de la droite vers la gauche, en menant avec la main gauche et en guidant avec la droite. Faire d'abord agir la main qui mène, mais sans donner d'à-coup. Si le cheval n'avance pas, donnez-lui une légère tape sur la croupe avec le bout de votre longe. Vous aurez besoin d'une longe d'environ 4 mètres de long pour vous permettre de vous tenir suffisamment à distance et ne pas risquer un coup de pied. *Photo 17.*

Maintenant, laissez votre cheval atteindre le bout de la longe, puis effectuez votre changement de direction de la même manière qu'avec le lasso. Ses postérieurs devraient se déplacer d'un quart de tour. Remarquez l'angle formé par la longe. *Photo 18.*

17

18

Puis les antérieurs devraient être à 90 degrés. Remarquez ma position par rapport au cheval. *Photo 19.*

Si votre cheval passe trop près de vous, balancez votre longe en direction de son épaule, jusqu'à le toucher s'il le faut, tandis qu'il passe devant vous. Soyez

19

prêt à recommencer jusqu'à ce qu'il comprenne et respecte votre "bulle" entre lui et vous. Maintenant, vous êtes prêt à vous déplacer vers le centre du *roundpen* et essayer un nouvel exercice assez semblable, sauf que nous pouvons maintenant travailler le cheval sur un cercle complet. Veillez à conserver la même distance entre lui et vous. Lorsqu'il se déplace à main gauche, assurez-vous que sa tête soit légèrement tournée vers vous. Il sera peut-être nécessaire de donner une légère secousse à la longe pour l'encourager. Mais évitez de mettre trop de tension, sinon c'est tout son corps qui se tournera vers vous. Dans ce cas, avancez-vous vers lui en faisant tournoyer votre longe jusqu'à ce qu'il se remette en position. Son postérieur gauche devrait s'aligner avec son antérieur droit. Continuez à le faire tourner jusqu'à ce que ses cercles soient bien formés, puis changez de direction. Postérieurs, antérieurs, puis repartez en cercle dans l'autre sens.

Il peut arriver que, soit l'avant-main, soit l'arrière-main, ait du mal à se déplacer latéralement. Si c'est l'arrière-main qui a tendance à se bloquer, avancez-vous vers le flanc de votre cheval en faisant tournoyer le bout de votre longe pour l'inciter à déplacer ses postérieurs, tout en bloquant son avant-main avec votre autre main pour l'empêcher de venir vers vous. Travaillez ceci des deux côtés jusqu'à ce que les postérieurs se déplacent librement autour des antérieurs. Pensez à le caresser souvent pour le rassurer. *Photo 20.*

Maintenant, voyons ce qui se passe si c'est l'avant-main de votre cheval qui a du mal à bouger. Placez-vous sur le côté à

20

hauteur de sa tête, en tenant la longe dans votre main droite. Avancez vers lui pour l'inciter à déplacer son poids vers l'arrière tout en déplaçant son avant-main latéralement. Caressez-le après un ou deux pas. S'il met trop de poids sur son avant-main, tapotez-le avec votre longe à l'endroit où serait la selle, jusqu'à ce qu'il porte son poids vers l'arrière, puis continuez à avancer vers lui jusqu'à ce que son avant-main se déplace latéralement en croisant les antérieurs. Continuez jusqu'à ce que votre cheval ait accompli un beau cercle complet autour des postérieurs, tout en restant détendu. Lorsque vous vous avancez vers lui à hauteur de son avant-main, restez assez près de lui afin de pouvoir le caresser pour récompenser chaque effort. *Photo 21.*

21

Votre cheval doit aussi apprendre à faire la différence entre répondre à la stimulation de la longe et accepter son contact. Tandis que vous travaillez sur un cercle avec la longe, envoyez doucement l'extrémité de la longe sur son dos. Il sera sans doute surpris au départ mais continuez jusqu'à ce qu'il change d'attitude et s'arrête. Caressez-le. Faites ceci des deux côtés à chaque fois que vous en avez l'occasion. Pour cet exercice, vous pouvez également utiliser un drapeau. *Photo 22*.

22

Maintenant, voyons comment apprendre à un cheval à reculer à l'aide de la longe. Pour ma part, je recommande trois approches différentes pour y parvenir. Dans la première, vous faites face à votre cheval, à la hauteur de son épaule. Tenez le licol sous le menton de votre cheval, le pouce vers le sol, et bougez votre main de droite à gauche de manière à ce que la muserolle frotte de part et d'autre de son nez, créant un peu d'inconfort. Dès que le cheval porte son poids vers l'arrière ou recule, relâchez aussitôt.

Le but est d'arriver à obtenir une cession de nuque, tout en reculant. Au début, vous obtiendrez peut-être soit l'un, soit l'autre. Récompensez dans les deux cas. Progressivement, encouragez les deux à la fois jusqu'à ce que cession et reculer aillent de pair. *Photo 23.*

D'autre part, il peut arriver qu'un cheval pèse sur son épaule et s'appuie sur vous pour éviter de reculer. Attendez-vous à cette possibilité. Tapez son coude avec le bout de votre longe, mais ne soyez pas trop sévère, il essaie simplement de comprendre ce qui se passe. Arrêtez aussitôt qu'il se redresse.

23

L'autre manière de le faire reculer est de se tenir devant lui en lui tournant le dos, comme si on le menait en longe. Marchez puis arrêtez-vous. S'il ne s'arrête pas, exercez des tractions successives sur la longe jusqu'à ce qu'il s'arrête et recule. Cela lui apprendra à être plus attentif à ce que vous faites, et la prochaine fois que vous vous arrêterez, il en fera autant. *Photo 24.*

24

Maintenant faites-lui face et remuez légèrement la longe. S'il ne comprend pas, accentuez le mouvement jusqu'à ce qu'il recule. Recommencez jusqu'à ce qu'il comprenne et réponde bien. Le but est qu'à la fin, il réagisse à un signe si discret de votre part que personne ne puisse le voir. Amenez-le à vous après chaque reculer et caressez-le pour qu'il n'ait pas peur lorsque vous lui faites face. Ici aussi, il doit apprendre à faire la part des choses. *Photo 25*.

25

Enfin, le dernier exercice consiste à apprendre à votre cheval à reculer sur un cercle. Voici comment faire : tenez-vous à sa droite en tenant la muserolle du licol dans votre main droite. Tournez la tête du cheval légèrement vers la gauche en lui demandant de reculer, ce qui l'amènera à déplacer son arrière-main vers la droite et son avant-main vers la gauche, tout en exécutant un cercle sur la gauche. (Ceci peut aussi vous aider en cas de difficulté à partir au galop sur le pied droit.) Renouvelez l'exercice de l'autre côté et récompensez-le chaque fois qu'il baisse son menton tout en reculant. La bonne cadence du reculer est la même que pour le trot. Il est donc important de récompenser une bonne cadence en relâchant aussitôt. Ne faites jamais reculer votre cheval en vous tenant trop près en face de lui, pour éviter qu'il vous heurte au menton s'il lève brusquement la tête. Ne vous mettez pas en colère et restez patient pendant cet exercice, sinon votre cheval pourrait prendre l'habitude de reculer dans le seul but de chercher une échappatoire, comme par exemple de se ruer hors du van à reculons !

III

"ACCROCHER"

Savoir "accrocher" un jeune cheval présente bien des avantages : pour l'attraper, pour faciliter les transitions comme pour instaurer les bases du respect... mutuel.

Pour commencer, assurez-vous que votre cheval est capable de tourner dans le *roundpen*, calmement, aux trois allures. Ajustez votre position par rapport à lui selon que vous souhaitez le faire ralentir ou accélérer. Pendant qu'il avance sur le cercle, vous devriez commencer à remarquer qu'il commence à s'intéresser à vous. Attention, il ne doit pas se tourner vers la barrière. Imaginons par exemple que votre cheval soit à main gauche et qu'il porte légèrement son regard vers vous. A ce moment, déplacez-vous vers la gauche tout en reculant, ce qui augmentera la distance entre vous. C'est ce qui s'appelle "attirer". Il s'éloignera peut-être alors de la barrière et s'arrêtera en vous regardant.

26

27

Ne bougez pas, ne vous approchez pas, laissez-le réfléchir. *Photos 26, 27.*

S'il "n'accroche" pas de cette manière, replacez-vous au centre et relancez-le sur le cercle. Ne perdez pas la prochaine occasion que vous aurez de l'"accrocher" à nouveau. Continuez à lui offrir votre amitié et il finira par l'accepter. Encouragez-le à continuer ainsi même s'il n'"accroche" pas. N'essayez pas de le coincer le long de la barrière, mais au contraire, imaginez que vous l'attirez vers vous avec une corde invisible. Et pour l'attirer, vous devez reculer. Une fois qu'il s'est tourné vers vous et a "accroché", essayez de l'approcher et de le caresser. S'il ne reste pas en place, recommencez et "accrochez-le" à nouveau. Bientôt, il finira par rester et, à ce moment-là, caressez-le sur le front. Vous pouvez ensuite le relancer sur le cercle dans l'autre sens et l'"accrocher" de l'autre côté. Une fois que le cheval commence à répondre régulièrement, essayez de vous déplacer sur le côté. Il aura le choix entre partir et s'éloigner de vous ou pivoter pour continuer à vous faire face. Il est possible que vous deviez frapper vos *chaps* avec votre lasso enroulé, pour l'inciter à déplacer ses postérieurs. Ne vous inquiétez pas s'il part au début, "accrochez-le" simplement de nouveau. *Photo 28.*

Bientôt, vous devriez pouvoir faire le tour de votre cheval tandis qu'il déplace ses postérieurs latéralement, de manière à toujours vous faire face. En réalisant ceci d'un côté puis de l'autre, votre cheval commencera aussi à déplacer ses antérieurs vers l'avant. Reculez en même temps. Vous arriverez bientôt à l'attirer vers vous des

28

29

quatre membres, comme si vous le meniez sans licol ! *Photo 29.*

Rappelez-vous de ne jamais prolonger exagérément une séance d'"accrochage". En en faisant trop, vous risqueriez de ne plus pouvoir contrôler votre cheval à distance et ce serait très dommage. D'autre part, ne profitez pas de la fatigue du cheval pour l'"accrocher". Au contraire, montrez-lui que son bien-être est auprès de vous. Imaginez les possibilités qui vous sont offertes lorsque votre cheval veut être avec vous plus que tout au monde !

IV

CHANGER D'ŒIL

Les chevaux sont par nature craintifs de tout ce qui représente à leurs yeux une menace. Se placer directement derrière eux, là où ils ne peuvent pas nous voir, en fait partie.

Afin d'aider votre cheval à surmonter sa peur, vous pouvez faire en sorte que votre cheval "change d'œil" pour vous voir. C'est souvent ce qui se passe avec un *bronco* juste avant qu'il vous désarçonne ! Votre but est de permettre à votre cheval de changer d'œil d'abord au sol, pour lui faire comprendre que vous ne trahirez pas sa confiance lorsqu'il se sentira le plus vulnérable. Il y a plusieurs manières de le faire. Voici une façon banale : "accrochez" votre cheval comme décrit dans le chapitre III, approchez-vous de lui et caressez-le, puis tenez-vous à sa gauche. Placez votre main gauche sous son encolure et recourbez vos doigts en appliquant une légère pression contre son encolure

30

pour l'inciter à déplacer les postérieurs vers la droite. *Photo 30.*

Relâchez la pression et caressez-le avec votre main gauche. Puis demandez-lui de tourner à nouveau d'environ un quart de tour (environ car il doit se sentir libre de bouger et de choisir le moment où il s'arrête). Laissez passer sa tête devant vous de manière à ce qu'il déplace ses antérieurs vers la gauche, en direction de la barrière, l'amenant ainsi à vous regarder avec son œil gauche. Attention, au début, s'il est craintif, il peut avoir tendance à bouger vite. *Photos 31, 32.*

Maintenant, "accrochez" à nouveau votre cheval. Vous devrez peut-être le relancer sur le cercle autour du *roundpen* pour y arriver. Renouvelez l'opération de nombreuses fois jusqu'à ce que votre cheval se

31

32

sente à l'aise. Effectuez toujours le changement d'œil des deux côtés. Si vous n'avez fait aucun des exercices précédents et que votre cheval a tendance à taper, vous devrez remettre cet exercice à plus tard, lorsqu'il aura plus confiance en vous.

V

GUIDER

Cette méthode pour guider votre cheval est sans doute assez différente de ce que vous pouvez imaginer. Le guider de cette manière permet au cheval de faire la distinction entre être attiré vers vous par son regard, et être repoussé ou céder à une pression (imagée) que vous exercez également sur son œil. Cette méthode représente le parfait équilibre entre "accrocher", repousser, et le changement d'œil.

Commencez par vous approcher de votre cheval en lui faisant face, caressez-le sur le front, puis envoyez-le sur le cercle en le faisant tourner autour du *roundpen* à main droite. Exercez une légère pression (imagée) sur son œil droit pour l'empêcher d'"accrocher". *Photo 33.*

Puis déplacez-vous légèrement vers la gauche, presque dans l'alignement de sa queue, mais de manière à quand même rester dans le champ de vision de son œil

33

droit. Cela l'amènera à s'écarter de la barrière et à aller vers le centre du *roundpen*. Continuez simplement à marcher en même temps que lui. *Photo 34*.

34

Ensuite, avancez-vous vers son œil droit, diminuant ainsi légèrement la distance entre vous et lui, pour exercer une pression (imagée) sur son œil droit et

35

36

l'amener à un changement d'œil sur son œil gauche. *Photos 35, 36.*

Il peut arriver qu'au début votre cheval s'inquiète et réponde avec précipitation. Si c'est le cas, simplement recommencez. S'il persiste, cela veut dire que le changement d'œil n'a pas été satisfaisant... revenez en arrière. Vous réaliserez que savoir guider votre cheval d'une part, et l'attirer à vous d'autre part, peut vous permettre de le faire aller n'importe où, comme à lui faire réaliser toutes sortes de figures. S'il "accroche" sans que vous lui ayez demandé, avancez simplement vers lui, caressez-le et relancez-le sur le cercle. Il a simplement commis une erreur en essayant de vous faire plaisir.

VI

DÉSENSIBILISER

Avant de seller un jeune cheval pour la première fois, je commence par le familiariser au contact d'un sac en plastique. En particulier avec un cheval craintif car on peut travailler avec lui tout le temps qu'il faut, sans se fatiguer à porter une selle.

Approchez-vous du cheval avec la longe au creux du coude et avancez vers lui en arrière de son épaule. Cela l'incitera à se déplacer vers l'avant au cas où il prendrait peur, plutôt que de reculer si vous vous placiez en avant de son épaule. Le cheval risque de pas mal bouger les postérieurs de côté avant de se sentir suffisamment à l'aise pour s'arrêter. Attention de ne pas relâcher la pression s'il cherche à s'échapper, ce qui reviendrait à lui transmettre un faux message. Au contraire, continuez à avancer vers lui. *Photo 37.*

Frottez votre cheval plusieurs fois de suite au passage de sangle avec le sac en

37

plastique. Cela le préparera au jour où vous le sanglerez pour la première fois. Je recommande aussi de vous tenir d'un côté de votre cheval, tout en le frottant avec le sac de l'autre côté. N'oubliez pas de faire ceci des deux côtés. Vous pouvez maintenant le frotter sur le front, en remontant vers les oreilles, puis en continuant vers le garrot. N'insistez pas trop sur les oreilles, passez simplement dessus. Laissez-le s'habituer avant de vous y attarder progressivement davantage. *Photo 38.*

L'idéal, c'est de faire ce genre d'exercices souvent durant les deux premières années d'un poulain. Ainsi, vous n'aurez pas à tout faire d'un coup le moment venu.

VII

PRÉPARATION A LA BRIDE

Pour préparer un cheval à être bridé, il faut d'abord lui apprendre à baisser la tête. Il y a deux façons de s'y prendre. Premièrement, placez votre main gauche sur la muserolle afin de contrôler le mouvement latéral de la tête. Ensuite, placez votre main droite sur sa nuque, les doigts recourbés. Avec votre main droite, secouez légèrement sa tête de droite à gauche tout en poussant vers le bas, et attendez qu'il cède. Dès qu'il cède, relâchez aussitôt la pression, mais sans retirer votre main. Faites-lui ainsi progressivement baisser le nez jusqu'au sol, puis caressez-le sur toute la tête, y compris la zone des naseaux. S'il relève la tête, replacez-la simplement là où elle était. Ne le caressez pas s'il relève la tête. *Photo 39.*

L'autre façon de procéder est de tenir la longe courte, juste en dessous du licol, et d'exercer une légère traction vers le bas

39

jusqu'à ce qu'il cède, mais ne forcez pas ! Là aussi, caressez-le une fois qu'il garde la tête baissée. *Photo 40.*

40

Maintenant, votre cheval est prêt à accepter votre pouce dans sa bouche au niveau des barres (là où il n'y a pas de dents) afin de le préparer au mors. Lorsqu'il ouvre la bouche, relâchez aussitôt la pression en retirant votre pouce. Pour éviter qu'il ne lève la tête tandis qu'il ouvre la bouche, restez en position de manière à pouvoir lui faire baisser à nouveau la tête s'il la relève. *Photo 41*.

41

Si vous vous tenez sur le côté gauche de votre cheval, tournez toujours sa tête légèrement vers la gauche. Au cas où il la relèverait brusquement, sa trajectoire irait en s'écartant de vous, évitant ainsi de vous heurter au visage.

VIII

MENER PAR LES ANTÉRIEURS

Beaucoup de chevaux sont victimes d'accidents dus à des clôtures. Pourtant, certains d'entre eux auraient pu être évités. On peut préparer les chevaux à affronter de telles situations. Si un cheval avait appris à céder à la tension d'un fil de fer pris autour de l'un de ses membres, il aurait peut-être faim en attendant que vous le sortiez de là, mais il n'aurait sans doute pas son pied à moitié cisaillé.

Commencez par former une petite boucle avec votre lasso et posez-la par terre derrière son antérieur. Faites reculer le cheval dans la boucle tout en la resserrant juste au-dessus du boulet. Puis tenez-vous à trois mètres devant le cheval et tirez l'antérieur vers vous. Puis attendez que les trois autres membres suivent en s'avançant également. *Photos 42, 43, 44.*

42

43

44

Répétez ceci jusqu'à ce que son temps de réaction se réduise considérablement et qu'il commence à se laisser mener par l'antérieur. Il peut arriver qu'un cheval vienne à vous tout de suite, mais plus pour être récompensé d'"accrocher", que parce qu'il cède à la tension autour de son pied. Sachez faire la différence. Vous devriez arriver au bout de quelque temps à le mener par l'antérieur en exerçant des petites tractions sur son pied avec votre lasso.

Après cet exercice, le maréchal-ferrant ne devrait avoir aucun mal à lui faire poser un pied sur le trépied. Ensuite, levez son pied en vous tenant dans la même direction que votre cheval, réduisant ainsi le risque de recevoir un coup de pied. Aidez-le à porter son poids sur le côté opposé en poussant légèrement contre son épaule. Essayer de relâcher la tension sur le pied aussitôt qu'il vous le donne. S'il se débattait, vous ne pourriez pas retenir son pied simplement avec votre main, mais vous pourriez y arriver en utilisant un lasso ou une longe. *Photo 45.*

45

Après quelques jours, vous devriez pouvoir soutenir son pied pendant un long moment. Vous serez surpris de la facilité avec laquelle vous obtiendrez un rendez-vous avec le maréchal-ferrant si vous avez un cheval qui donne ses pieds sans difficulté !

IX

ATTRAPER UN POSTÉRIEUR AU LASSO

Il en est de même avec les postérieurs qu'avec les antérieurs. Il est important d'habituer votre cheval à donner ses pieds. C'est aussi une autre manière d'apprendre à votre cheval à céder à la pression, physiquement aussi bien que mentalement. Là encore, il est préférable d'utiliser votre lasso ou votre longe, pour ne pas recevoir de coup de pied. Même si le cheval donne l'impression de donner ses pieds facilement, il est quand même recommandé d'utiliser un lasso, ou une longe, pour un travail plus complet.

Je fais ça normalement en étant à cheval, mais si vous ne savez pas comment utiliser un pommeau *slick horn** (sans chambre à air autour) et ne maîtrisez pas la technique enseignée dans mes vidéos de *ranch roping**, cet exercice devrait se faire AU SOL. En effet, beaucoup de gens, ne réalisant pas à quel point un cheval peut être puissant, ont tendance à tirer trop fort sur le lasso tout en faisant reculer leur monture, et risquent ainsi de blesser le poulain.

Normalement, vous n'avez pas besoin de gants puisque, justement, vous ne devriez pas avoir à tirer fort. Avec un cheval particulièrement rétif, il sera peut-être nécessaire d'attraper son postérieur au lasso, mais dans la plupart des cas, il vous suffira de faire avancer ou reculer le cheval dans la boucle posée au sol, tout en le tenant par le licol. Retirez ensuite le licol. Laissez simplement tomber le reste du lasso enroulé, ou tenez-le dans votre main, mais ne passez surtout pas votre bras dedans ! Ensuite, envoyez doucement le cheval autour du *roundpen* de manière à ce que le postérieur attrapé au lasso se trouve sur l'intérieur du cercle. Laissez-le faire quelques tours autour du *roundpen* pour lui laisser le temps de s'habituer au lasso. Lorsque vous vous apprêtez à lui demander de donner son pied, placez-vous à un angle de 30 à 45 degrés par rapport aux postérieurs. Demandez-lui de donner son pied au moment précis où celui-ci quitte le sol. Préparez-vous à tenir bon tandis qu'il continue à tourner autour du *roundpen* tout en envoyant des coups de pied. *Photos 46, 47, 48.*

Résistez jusqu'à ce qu'il arrête et vous laisse retenir son pied vers l'arrière, sans

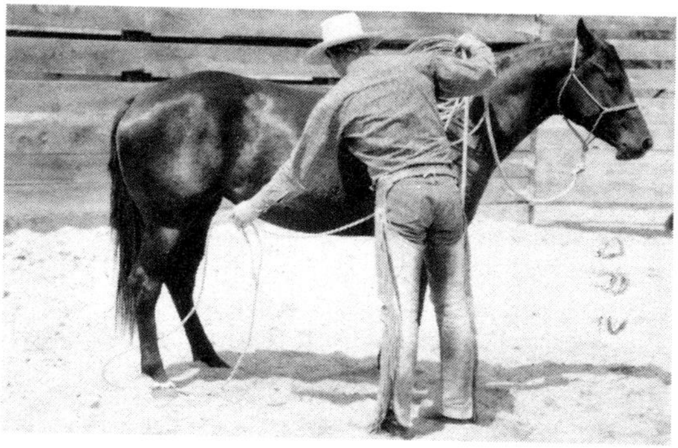
46

47

48

forcer. Il est possible qu'il se débatte au début mais il vaut mieux que ça se passe à distance, plutôt que vous risquiez de recevoir un coup de pied en essayant de lui prendre le pied avec la main. Si votre cheval essaie de reculer, empêchez-le en le renvoyant vers l'avant. Si cet exercice ne devait servir que pour la ferrure, le laisser reculer serait dangereux. Lorsque vous relâchez complètement la tension sur le lasso ou la longe, la pointe de son sabot uniquement doit reposer au sol... pour être ainsi prêt à redonner son pied. *Photo 49.*

49

Il est possible que vous ayez à renvoyer le cheval vers l'avant plusieurs fois avant qu'il s'arrête de donner des coups de pied. Laissez-lui le temps de réfléchir et de réaliser qu'il n'a pas de raison d'être sur la défensive. Cela va sans dire, travaillez votre cheval sur chacun de ses postérieurs. Pour retirer le lasso, posez votre main sur la croupe du cheval et caressez-le le long de la jambe. Ouvrez doucement la boucle du lasso de manière à ce qu'elle tombe simplement par terre lorsque vous faites avancer votre cheval. *Photo 50.*

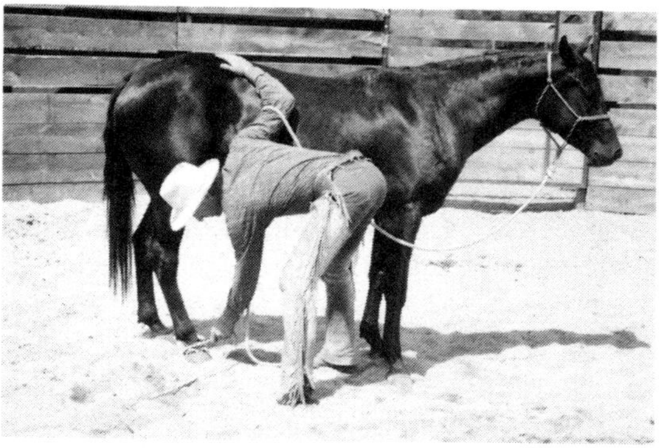

50

Si vous avez la possibilité de vous faire aider par quelqu'un, voici une autre méthode. Demandez à cette personne de se tenir à l'extérieur du *roundpen*, et d'enrouler la longe autour d'un des poteaux, mais sans l'attacher ! Laissez environ 1 mètre de mou entre le cheval et la barrière. En vous tenant à côté de votre cheval, placez la boucle du lasso sur le sol en avant de son postérieur, et demandez à votre partenaire de faire avancer le cheval pour qu'il place son postérieur dans la boucle. *Photo 51.*

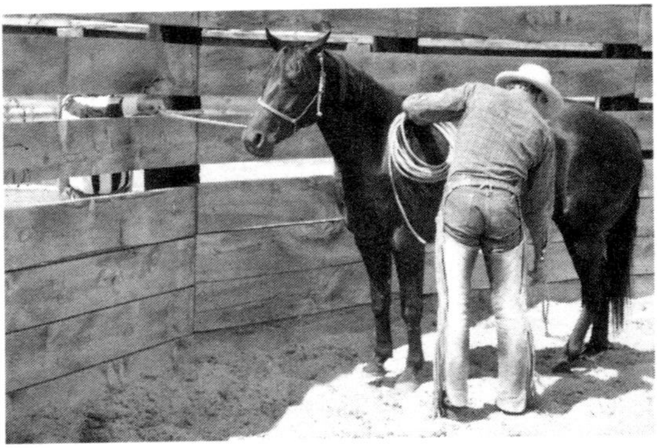

51

Ensuite, remettez-vous en position pour lui prendre son pied. Laissez-le s'habituer jusqu'à ce qu'il n'offre plus aucune résistance et que son postérieur pende mollement, en étant simplement soutenu par le lasso. Rappelez-vous de toujours inciter votre cheval à se mouvoir vers l'avant, plutôt que de tirer au renard. Lorsque vous prenez son pied, laissez-lui le temps

52

de porter son poids sur le côté opposé, ce qui vous facilitera aussi la tâche. *Photo 52.*

Vous pouvez aussi profiter de cet exercice pour travailler le changement d'œil, en vous déplaçant d'un côté ou de l'autre de votre cheval. Travaillez les deux en même temps. Assurez-vous d'utiliser un lasso très souple afin de ne pas brûler votre cheval.

X

PRÉPARATION A LA SANGLE

Vous pouvez utiliser votre lasso pour préparer votre cheval à une sangle avant, ainsi qu'une sangle arrière. (Beaucoup de selles western, notamment de travail, sont équipées de deux sangles.) Voici comment faire :

Tenez votre cheval par la longe pour pouvoir ainsi placer une large boucle de lasso sur sa croupe et le faire reculer dedans. *Photo 53*.

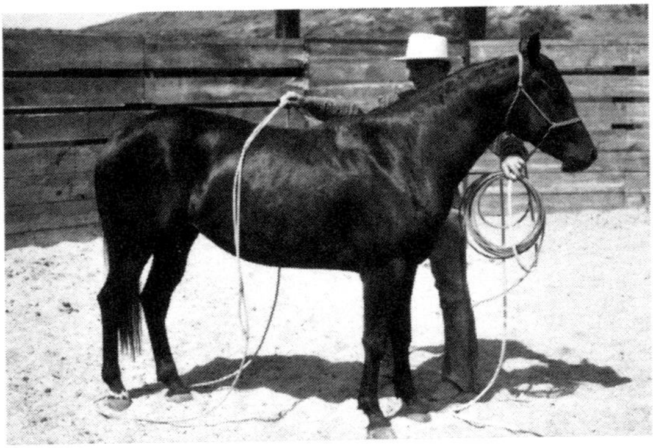

53

Commencez par placer la boucle derrière ses antérieurs, à l'endroit du passage de sangle. Ensuite, tenez votre longe dans une main et votre lasso enroulé dans l'autre. Demandez à votre cheval d'avancer en cercle autour de vous, de la même manière que dans l'exercice de travail au licol. Maintenant, au lieu de le guider vers l'avant en utilisant l'extrémité de la longe, tirez doucement sur le lasso au niveau de sa cage thoracique. Ne vous inquiétez pas s'il envoie des coups de pied, il lui faudra un certain temps pour s'habituer. Ne relâchez pas la tension s'il donne des coups de pied, mais continuez à donner de légers à-coups sur le lasso jusqu'à ce que le cheval se déplace vers l'avant. *Photo 54.*

Le but de cet exercice est d'arriver à ce que votre cheval réponde à la pression en

54

se déplaçant vers l'avant, tout en gardant une bonne disposition d'esprit. Vous devriez arriver à passer du pas au trot assez rapidement. Puis changez de côté en laissant le cheval marcher au-dessus du mou du lasso posé par terre, et recommencez la même chose de l'autre côté. *Photo 55.*

55

Une fois que le cheval s'est habitué au lasso au niveau de la sangle, reculez la boucle vers son flanc et procédez de la même manière jusqu'à ce qu'il s'y habitue également. Faites attention de ne pas tirer trop fort sur le lasso pour ne pas brûler votre cheval. Donnez simplement de légers à-coups. S'arrêter et refuser d'avancer est inacceptable ! *Photos 56, 57.*

A chaque fois que vous vous arrêtez, relâchez la tension sur le lasso et

56

57

servez-vous de votre longe pour courber votre cheval face à vous et l'"accrocher". *Photo* 58.

Si vous disposez d'un *roundpen*, vous pouvez aussi travailler cet exercice en liberté en plaçant votre boucle de lasso de la même manière, puis en retirant simplement le licol. Si votre cheval est vraiment difficile, vous devrez peut-être l'attraper au lasso pour arriver à placer la

58

boucle autour de son flanc. Puis exercez de légères tractions sur le lasso au niveau du passage de sangle ou du flanc pour l'inciter à accélérer. Vous lui demandez d'avancer plus vite, mais vous le laissez ralentir de lui-même à chaque fois. Vous verrez comme cela marche bien pour redonner de l'impulsion. *Photo 59.*

Assurez-vous qu'il n'"accroche" pas simplement pour éviter de bouger. S'il

59

essaie, avancez vers lui au niveau de sa tête jusqu'à ce qu'il reparte le long de la barrière. *Photo 60.*

60

Si vous désirez le laisser souffler, "accrochez-le" en attirant son regard. A la fin de ce travail, vous devriez pouvoir à la fois l'"accrocher" comme vous le voulez, mais aussi lui redonner de l'impulsion et le

61

mener à n'importe quelle allure avec le lasso. *Photo 61.*

Si vous travaillez les deux côtés de votre cheval jusqu'à ce qu'il s'habitue au lasso, la sangle ne devrait pas lui poser de problème. Rappelez-vous que tout ce que vous venez de lire peut représenter plusieurs jours de travail avant que votre cheval se sente en sécurité. Ça durera le temps que ça durera, mais si lui se sent en sécurité, vous l'êtes aussi !

XI

TRAVAIL AU DRAPEAU

Vous pouvez aussi désensibiliser votre cheval en lui demandant de se tenir contre la barrière, ou en diagonale dans un coin. En tenant la longe dans une main et un drapeau dans l'autre, commencez par son encolure. Touchez-le gentiment avec le drapeau, en rythme... Il se peut qu'il réagisse au début ! Continuez jusqu'à ce que ses muscles se relaxent, puis déplacez légèrement votre drapeau sur son corps et recommencez. Ne mettez pas trop de pression pour éviter qu'il ne se dérobe. Regardez son expression. S'il couche ses oreilles en arrière, continuez tout en diminuant légèrement la pression. Il devrait avoir les oreilles droites, donc faites attention à ne pas vous faire mordre. S'il essaie, tentez de le bloquer avec votre longe ou votre lasso enroulé, ce qui est beaucoup moins intéressant à mordre ! *Photo 62*.

62

Cela peut prendre jusqu'à deux heures pour couvrir les deux côtés de votre cheval, parfois même plus longtemps. Rappelez-vous simplement de bloquer votre cheval contre la barrière ou dans un angle pour l'empêcher de trop bouger. Je ne dirais pas que j'utilise cette méthode sur tous mes chevaux, mais elle s'est parfois avérée très utile.

XII

ATTRAPER LE CHEVAL AU LASSO

Il y en a certains qui pensent qu'attraper un cheval au lasso est quelque chose d'horrible. Bien au contraire. Une fois que votre cheval est passé par tous les exercices décrits précédemment, il n'y a pas de mal à l'attraper doucement au lasso. Commencez par le faire venir à vous et caressez-le, puis lâchez-le. Après quelque temps, il ne s'éloigne même plus lorsque vous le lâchez car il sait que vous lui demanderez de revenir. Lancez votre lasso doucement plusieurs fois en le faisant retomber autour de son encolure en faisant attention de ne pas le heurter à l'œil. *Photos 63, 64.*

L'étape suivante consiste à faire comprendre au cheval qu'il n'aura pas de caresse tant qu'il n'aura pas rentré sa tête dans la boucle du lasso. Pour cela, formez une grande boucle et tenez-la à bout de bras, tout en remuant avec l'autre main

63

64

le reste du lasso enroulé pour l'inciter à avancer vers la boucle (le même principe que pour le mener en le faisant passer devant vous). Ne le laissez pas s'arrêter à votre hauteur, mais continuez à le faire avancer jusqu'à ce qu'il passe sa tête dans la boucle. Puis caressez-le et laissez-le réfléchir un moment à ce qui vient de se passer… tout en conservant sa tête dans la boucle. *Photos 65, 66.*

S'il se dérobe et s'éloigne, rattrapez-le au lasso, amenez-le à vous et caressez-le.

65

66

Vous devez, pour cet exercice, attraper votre cheval au lasso de nombreuses fois dans un bon *roundpen* sûr. Vous avez bien sûr maintenant compris que je ne prends aucun plaisir à manier le lasso, mais il faut bien que quelqu'un le fasse !

N'essayez pas ceci si vous ne possédez pas de bonnes bases de maniement du lasso. En commettant des erreurs, vous risqueriez d'effrayer votre cheval. Manier ainsi un lasso dépend donc de votre adresse, mais peut être très efficace pour obtenir un cheval avec un bon mental.

J'ai pensé qu'il était important d'inclure ces informations pour que vous puissiez peut-être les utiliser un jour.

XIII

SELLER

Le moment est maintenant venu de seller votre cheval pour la première fois. Commencez par placer la longe dans le creux de votre coude. En tenant votre tapis de selle, tenez-vous à la hauteur de son épaule de manière à ce qu'il ne recule pas de peur. Balancez à plusieurs reprises le tapis de selle sur son dos, tout en le caressant au passage de sangle. *Photo 67.*

67

S'il fait un bond en avant, saisissez la longe, ramenez sa tête à vous et demandez-lui de déplacer les postérieurs, loin de vous. *Photo 68.*

68

Maintenant, passez de l'autre côté en plaçant votre main sur son nez et en lui demandant de tourner la tête. *Photo 69.*

69

Allez-y franchement lorsque vous posez le tapis de selle sur son dos, sans hésitation, comme si vous selliez un cheval tout à fait normalement. Il sera ainsi bientôt prêt pour la selle. Tenez-vous également d'un côté en laissant pendre le tapis de selle de l'autre côté, et déplacez-le d'avant en arrière. *Photo 70.*

70

Une fois que votre cheval est habitué au tapis, passez à la selle. Assurez-vous que les sangles soient attachées par leur boucle pour qu'elles ne traînent pas. *Photo 71.*

71

Remarquez ma position lorsque je m'apprête à seller mon cheval : hanche gauche contre le cheval, main droite sur le troussequin et main gauche en avant de la jupe. Tournez ensuite le haut de votre corps vers la droite avant de balancer la selle en faisant une rotation du corps vers la gauche, tout en vous servant de vos jambes, dos et bras. Fait correctement, l'étrier droit ne devrait pas venir frapper le flanc droit du cheval ! *Photos 72, 73.*

72

73

Si vous n'y arrivez pas sans que l'étrier droit vienne "fouetter" le flanc droit de votre cheval, exercez-vous à balancer votre selle sur la barrière pour parfaire votre mouvement. Ensuite, passez du côté droit pour défaire les sangles tout en caressant votre cheval. *Photo 74.*

74

Remarquez la manière dont je saisis la sangle avec ma main gauche. Je commence par toucher le cheval au passage avec mon bras que je remplace ensuite par la sangle. Tout en retenant la sangle, je passe lentement le *latigo** deux fois dans l'anneau de sangle. Si vous ne retenez pas la sangle, vous risquez de surprendre votre cheval qui risque d'envoyer un coup de pied pour s'en débarrasser ! *Photos 75, 76.*

Lorsque vous resserrez le *latigo*, tirez l'extrémité vers le bas, tout en tirant vers

75

76

le haut après chaque tour dans l'anneau de sangle, pour que la selle reste en place si le cheval prend peur. *Photo 77.*

Vous pouvez ensuite tirer l'extrémité du *latigo* vers le haut pour terminer de sangler. Allez-y doucement lorsque vous ajustez la sangle. C'est le seul moyen d'éviter

77

le problème courant et durable d'un cheval trop sensible au sanglage.

Attrapez ensuite la sangle arrière mais serrez-la en rythme avec la respiration du cheval et le mouvement de son flanc. *Photo 78.*

78

Si vous n'avez pas de *roundpen*, vous pouvez commencer par faire tourner votre cheval à la longe, mais cela peut être un peu risqué avec un poulain particulièrement craintif. Il est donc préférable de retirer le licol et de travailler votre cheval en liberté. Concentrez-vous d'abord sur les changements d'allures, pas, trot et galop. Vous pouvez l'encourager à avancer en envoyant votre licol vers ses postérieurs. Vous pouvez aussi envoyer votre lasso en le laissant se dérouler. Ne le laissez pas "accrocher" tant qu'il n'avance pas correctement sur le cercle. *Photo 79.*

79

Puis "accrochez-le" en vous déplaçant dans la même direction que lui, tout en reculant. *Photo 80.*

Approchez-vous ensuite de lui, caressez-le partout et renvoyez-le sur le cercle dans l'autre sens. Travaillez toutes les transitions ascendantes et descendantes jusqu'à ce qu'il soit détendu. Maintenant que

votre cheval est sellé, reprenez tous les exercices de travail au sol décrits précédemment. Il a besoin de s'habituer à la selle tout en effectuant ce qu'il a déjà fait jusqu'à maintenant.

XIV

LES ÉTRIERS

Au sol, faites découvrir à votre poulain le contact des étriers. C'est une bonne façon de le préparer à réagir à vos jambes, une fois que vous serez en selle.

Placez votre cheval le long de la barrière et tenez-vous à son côté, dans le même sens que lui. Tapotez très légèrement son flanc avec l'étrier pendant quelques secondes. Si vous n'obtenez pas de réponse, allez-y un peu plus fort, jusqu'à ce qu'il réagisse en avançant. Votre cheval sera peut-être inquiet au début. Continuez jusqu'à ce que vous obteniez une réaction. *Photo 81*.

Au début, vous pouvez n'avoir qu'un déplacement de son poids vers l'avant, un pas tout au plus. Récompensez quand même cet effort en le caressant. Continuez de la même manière jusqu'à ce que le cheval avance de plusieurs pas. N'utilisez l'étrier que si votre cheval a besoin de

plus de “jambes”. Changez de côté et d’étrier. Vous devriez bientôt pouvoir trotter à ses côtés, le long de la barrière. S’il prend peur et fait un bond en avant, ramenez-le à vous en chassant ses hanches, loin de vous. Remettez-le en position et recommencez.

XV

UTILISER LA BARRIÈRE

Nous abordons maintenant la dernière étape du travail au sol, juste avant de vous mettre en selle. Chacun de nous préférerait monter son cheval pour la première fois sans lui faire de mal, ni l'effrayer. Ce n'est pas toujours facile, mais tout à fait possible avec du temps et de la patience. Cette étape est très importante, donc s'il vous plaît, faites ça correctement en y consacrant le temps nécessaire.

Demandez à votre cheval de venir à vous, le long de la barrière. Il est important qu'il s'habitue à vous voir au-dessus de lui, comme si vous étiez en selle. Vous lui paraissez sans doute très suspect, perché là-haut ! (C'est une bonne raison pour y être.)

Commencez par mener votre cheval par la longe en le faisant passer devant vous de gauche à droite. Demandez-lui de faire demi-tour en chassant les hanches lorsqu'il arrive en bout de longe. Amenez-le doucement à vous et habituez-le à être caressé partout sur sa tête. *Photos 82, 83.*

82

83

Ensuite, essayez de le mener par la longe le long de la barrière, comme si vous vouliez monter dessus. C'est là qu'il déplacera probablement les postérieurs vers la droite. A partir de là, commencez à donner des à-coups sur la longe, en tirant tout droit vers le haut, et attendez qu'il déplace les hanches vers la gauche. Relâchez aussitôt la tension. Ne tirez pas trop brusquement, ou il tirera en arrière ! Laissez-lui le temps d'accomplir ce que vous lui demandez et récompensez le moindre effort en relâchant la tension. Il finira bientôt par comprendre que la tension sur son licol se relâche chaque fois qu'il déplace les postérieurs vers la gauche. *Photos 84, 85.*

84

85

Lorsqu'il est dans la bonne position pour que vous puissiez vous mettre en selle, habituez-le à des mouvements et objets au-dessus de lui. Allez-y doucement au début, en donnant simplement des tapes sur votre selle, et ramenez-le vers vous chaque fois qu'il s'éloigne de la barrière. Ne le punissez pas, rassurez-le. *Photo 86.*

86

Cette série de photos montre différents objets auxquels vous pouvez habituer votre cheval depuis la barrière : le drapeau, le ciré, le sac à grain, le mouvement du lasso, etc. Ce sont toutes les choses auxquelles vous devez habituer votre cheval pour le préparer à une vie tranquille, sans histoire, si vous voyez ce que je veux dire. *Photos 87, 88, 89, 90.*

87

88

89

90

Faites maintenant comme si vous alliez vous mettre en selle, en gardant votre pied gauche sur la barrière, ainsi que votre main gauche qui tient la longe. Si le cheval prend peur, remontez simplement sur la barrière. Ne mettez pas vos pieds dans les étriers. *Photo 91*.

91

Vous pourrez bientôt glisser en selle puis remonter sur la barrière sans inquiétude pour vous ni votre cheval. Gardez votre pied gauche sur la barrière. Il y a peu de chance qu'elle vous désarçonne, elle ! Il vous sera peut-être nécessaire de renouveler cet exercice de très nombreuses fois avant de passer à la leçon suivante. Il n'y a que comme ça que votre cheval apprendra.

Une fois qu'il se sent parfaitement à l'aise avec cet exercice, descendez de la barrière et faites un tour avec lui en marchant. Puis remontez sur la barrière et recommencez. Votre cheval finira par venir se placer contre la barrière dès qu'il vous verra monter dessus ! Dès lors, vous et lui êtes sur la même longueur d'ondes.

Nous voici à la fin de ce livre. J'espère que vous y avez trouvé quelques bonnes idées qui vous aideront à mieux vous entendre avec votre cheval dans ce monde que vous entendez partager. Je ne crois pas qu'il y ait de limite à tout ce que vous pouvez essayer pour rendre votre cheval plus calme et plus docile. Je suis sûr que beaucoup d'autres idées vous viendront au fur et à mesure. Ravalez votre fierté quand il s'agit de recevoir les conseils de quelqu'un lorsque vous montez à cheval. Je continue à participer à des stages afin d'apprendre toujours et encore, alors pourquoi n'en feriez-vous pas de même ? Enfin, j'espère que vous aurez appris quelque chose en lisant ce livre car j'en ai assez d'écrire !

Happy trails, friends !

GLOSSAIRE

"Accrocher" *(hook on)* : Etablir un rapport de confiance et de respect entre un cheval et son dresseur. Le cheval perd sa crainte de l'homme et vient de lui-même se mettre sous sa protection en s'avançant vers lui.

Houlihan : Lancer de lasso très utilisé pour attraper les chevaux. En arrivant par le haut, la boucle retombe autour de l'encolure sans risquer de frapper le cheval la tête ou à l'œil.

Latigo : Courroie de cuir servant à ajuster la sangle.

Ranch roping : Technique de lasso destinée au travail du bétail dans les ranches, qui diffère beaucoup de celle utilisée dans les rodéos.

Roundpen : Enclos rond de 12 à 18 mètres de diamètre, destiné au travail et au débourrage des jeunes chevaux.

Slick horn : Corne de pommeau entourée de cuir, permettant de laisser coulisser le lasso autour après une prise. Une corne de pommeau entourée d'une chambre à air en caoutchouc empêche le lasso de coulisser.

TABLE

Avertissement 7
Introduction 9

I. Travail au lasso 11
II. Travail au licol 21
III. "Accrocher" 33
IV. Changer d'œil 38
V. Guider 41
VI. Désensibiliser 45
VII. Préparation à la bride 48
VIII. Mener par les antérieurs 51
IX. Attraper un postérieur au lasso 55
X. Préparation à la sangle 62
XI. Travail au drapeau 69
XII. Attraper le cheval au lasso 71
XIII. Seller 75
XIV. Les étriers 84
XV. Utiliser la barrière 86

Glossaire 94

OUVRAGE RÉALISÉ
PAR L'ATELIER GRAPHIQUE ACTES SUD
ACHEVÉ D'IMPRIMER
EN OCTOBRE 2008
PAR L'IMPRIMERIE FLOCH
A MAYENNE
POUR LE COMPTE DES ÉDITIONS
ACTES SUD
LE MÉJAN
PLACE NINA-BERBEROVA
13200 ARLES

DÉPÔT LÉGAL
1re ÉDITION : NOVEMBRE 2008
N° impr. : 72349
(Imprimé en France)